U0019697

不能去日本也沒關係！

偽出國島內 SHOPPING，讓你把百樣商品帶回家

禾白小三撇 著

目錄

02

尋台灣買得到の日本美食

03

04

自序

從二十出頭歲開始，
因公因私每年都跑日本，
不知不覺也二十年了。
這兩年因為疫情影響，
相信很多喜歡去日本旅遊的朋友，
大概都跟我一樣，
想大喊！好想去日本吃吃喝喝喔～
不過其實很多日本各類型的大小型品牌，
都已陸續進駐台灣！
二十年前 UNIQLO、無印良品都還沒來，
現在更多了一蘭拉麵、
TSUTAYA BOOKSTORE WIRED CAFE 台灣蔦屋、
淳久堂、
Akachan Honpo 阿卡將、
atré 艾妥列、
COFFEE FARM 咖樂迪等，
還有我最愛的驚安的殿堂 DONKI 都來了！
去日本時會逛的～服飾、小物，

去日本時會看的～雜誌、動漫，
去日本時會買的～零食、泡麵，
去日本時會吃的～美食、餐廳，
現在台灣的精緻超市或者各大小電商平台，
街邊或百貨內日本直營或代理商引進的店舖，
很多都買得到、找得到與吃得到！
而後面書中有些與大家分享的小物，
也可以在台灣很多選品店或特色店鋪中找到，
又或者可以透過台灣的代購代標網站，
直接上日本的購物網站或日拍網站中尋寶，
動動手指直接陸海空運寄到你家。
這本跟過去的作品不太一樣，
因為時代不同了，
不會特別標示店家的地址或地圖，
因為打開地圖 APP 搜尋就都會有了～
或許也是因為這兩年不能出國，
讓大家有機會好好地～
發掘在台灣也能找到去日本旅遊時的感動！

尋台灣買得到の日本進口零食與點心

富士山

CHAMVIN

Calbee 北海道薯條三兄弟

標榜原料為整顆北海道馬鈴薯，
所以每根薯條長短不一，
搭配鄂霍次克 (Okhotsk) 焙製精鹽調味，
鄂霍次克海上的島嶼橫跨日本北海道，
另一部分屬俄羅斯領海。
早期由於是北海道特產，
只有在北海道機場或限定的通路買得到，
後來日本的成田國際機場、羽田國際機場，
上野阿美橫丁的伴手禮店鋪、DONKI、觀光景點等都買得到，
北海道限定薯塊三姊妹、北海道限定黃金馬鈴薯條、
北海道限定昆布太郎等，
台灣也有代理商引進！

BURGER KING 漢堡王 × Pocky

日本江崎格力高株式會社，
一九六六年以巧克力口味打入市場，
一九七一年出了杏仁 Pocky 口味，
一九七七年再誕生草莓 Pocky。
台灣的漢堡王與 Pocky 聯名推出「贅沢巧克力聖代」，
7-11 也有引進 Pocky 大巧克力棒禮盒和 Pocky 大草莓棒禮盒，
在日本漫畫或動畫常常會看到 Pocky，
宮崎駿的神隱少女開場時，
汽車座位旁邊就可看到一盒 Pocky。
另一系列的明星產品 PRETZ 百力滋，
台灣也買得到蕃茄野菜棒、野菜沙拉棒等系列，
小巧思的樂樂吃包裝還可以讓 PRETZ 百力滋斜面站立，
追劇或辦公室下午茶的好選擇。

栗山米果

去日本我很愛吃海苔卷醬油米果，
此品牌推出的四重奏禮盒很值得推，
台灣電商平台有引進，
還可以吃到另外三種不同的醬油米果，
包括小粒醬油米果、醬油米果、海苔卷米果、青海苔米果，
有時候深夜嘴饞，
簡單咬個幾顆熱量也比一般洋芋片低。
另外麵包超人米果、麵包超人綜合仙貝等系列，
日本原裝進口包裝上都有麵包超人圖案，
是親子互動哄小孩的祕密武器！

Petite Merveille 函館果子工坊

一九九六年創立，
標榜北海道大沼國定公園山川牧場自產的特濃牛乳，
加上嚴選歐洲的奶油乳酪製作而成，
山川牧場在 JR 大沼站旁走路約十分鐘，
一九四五年開始產銷牛乳，
以特濃牛乳最熱銷。
台灣引進了此品牌最經典的一口起司蛋糕，
包括巧克力、原味、焦糖、南瓜多種組合與口味，
連獲七年金賞的北海道伴手禮，
另外一個產品南瓜布丁，
是用北海道產的栗子南瓜當作原料，
也是日本甜度最高的南瓜品種，
可以體驗南瓜泥入口即化的口感。

京都長岡京小倉山莊

現在的長岡京市以日本八世紀首都長岡京為名，
昭和二十六年創立是京都知名的米菓禮品，
台灣現有引進很多系列，
包括山春秋仙貝米菓系列～
有甘藷、鮮蝦、黑豆、海藻、糖霜、海苔、昆布八種口味，
因小倉山山腳旁為二尊院和常寂光寺，
是春天賞櫻與秋天賞楓絕佳地點，
人們因此被山嵐美景所感動而命名。
カルタ（歌留多）百人一首仙貝米菓系列，
有櫻花、紅葉、海苔捲、沙拉、楓糖、紫芋、黑芝麻、
六角醬油、砂糖、昆布十種口味，
歌留多為京都著名的紙牌遊戲，
此紙牌可以同時體驗日本傳統歷史文化與品味，
而因為古代常常在榻榻米上玩得很激烈，
又稱為榻榻米的格鬥技，
包裝上都會有不同的日本俳句。
而定家的月仙貝米菓系列，
三種口味：鮮蝦、沙拉、和三盆如皎白明月般，
口味清新的仙貝。

Patisserie Monsieus M

西東京電車駅人氣王甜點，
一九八七年創立於日本武藏野，
平井基臣用五百度的溫度控溫，
搭配不含任何轉化糖的日本純蔗糖與有機土雞蛋，
台灣引進了經典焦糖乳酪蛋糕，
標榜冷凍後三十分鐘，
焦糖會變得像冰淇淋綿密，
再放十分鐘焦糖會和乳酪蛋一起融化，
說到這裡口水都快流下來了！
另外在日本曾創下每三分鐘即賣出一盒的冰烤舒芙蕾，
不加一滴水以日本優格與日本起士製作，
也非常值得一推。

冰烤舒芙蕾禮盒（8入）

滿意雙享禮盒
內容物：
焦糖乳酪蛋糕（小）x2、冰烤舒芙蕾x4
$650

一富士製菓

遙かなる稜線富士山クッキー巧克力餅乾禮盒，
由於本人非常愛富士山，
而以它為造型的伴手禮品牌頗多，
這款伴手禮的包裝封面我喜歡～
是從靜岡縣一側看到的富士山。
餅乾表面有富士山的形繪，
餅薄也是我很愛的口感，
就像小籠包一樣我也喜歡薄皮的鼎泰豐，
但我真的很多同學或朋友愛厚皮的，
只能說吃的東西就是各有各的喜好！
說到富士山每年七八月登山的旺季，
只有這兩個月富士山是融雪的時期，
常常看到江戶時代畫家葛飾北齋浮世繪的紅色富士山(赤富士)，
就是沒有雪的富士山被太陽曬紅因而成名，
主要的登山口為富士宮口、河口湖口、須走口、御殿場口，
而富士山、新幹線、櫻花為日本國家標準象徵。
二○一三年成為日本的第十七個世界遺產，
也是第十三個世界文化遺產。
而富士山也是日本人心中的神山稱為淺間大神，
而以奉祀淺間大神為主的神社都稱為淺間神社，
富士山的淺間大社是淺間神社的總本宮，
在東京新宿市區可以找到芸能淺間神社與成子富士淺間神社。

九州鶴味噌

不知大家愛不愛味噌湯，
台式味噌湯常常在台灣涼麵攤喝到，
好喝但是總是跟在日本喝到的不一樣，
或許我比較愛類似松屋、日式居酒屋那種清澈的味噌湯，
台式味噌湯通常會有很多豆腐、小魚乾、一整塊鮭魚等，
會使味噌湯變得不清澈但也別有台式風味！
鶴味噌深耕九州已一百五十年，
我自己喝過此品牌的裸麥龍味噌，
盒子上會有個龍字，
發酵是用純裸麥發酵所以顆粒比較大，
我只用日本的乾燥昆布加龍味噌慢滾～好喝！
還有煮味噌如果先將味噌與水下鍋一起煮沸，
與水煮沸後起鍋才將味噌加入兩種風味大不相同，
有興趣可以自行試試看～
另外台灣引進五穀味噌是用五種穀類發酵標榜多種層次口感，
不喜歡吃太鹹的人則可選擇減半鹽分的減鹽鰹魚味噌。

Bourbon

前身為一九二四年北日本製菓，
起源於新潟縣柏崎市内的和菓子老鋪最上屋。
推出很多熱賣的零食與餅乾～
台灣有引進我很愛的燒菓子禮盒，
最主要它將多樣商品讓你一次吃得到，
包括巧克力味脆餅、巧克力味夾心酥、巧克力味夾心餅，
巧克力味威化餅、白奶油味威化餅，
奶油酥、奶油蛋捲、巧克力味蛋捲等，
非常適合過節送禮時不會太單調。

ホンダ本田製菓

一九五四年川越市山田開始生產米果，
快七十年的生產技術，
標榜從大米採購一直到碾米與麵團的製作，
再加上烘焙、油炸、調味、包裝、運輸都有很嚴格的品管。
有的米餅從碾磨到完成可能需要一周的時間，
甚至會因為溫度和濕度口感略有不同，
所以廠內職人都是會隨時調整製作時的水量、時間與加熱功率，
甚至是採用秩父山脈抽取的優質地下水來製作米果。
我推鐵火武藏草加煎餅禮盒，
一盒體驗多種口味醬油、海苔、胡麻、抹茶等。

北海 TAKARAYA 株式會社

北海道帝王蟹煎餅，
也是我很偶然在上野的伴手禮店鋪買到，
台灣現在已有引進，
看到這個產品封面就是很澎湃～
以帝王蟹蟹粉做出的帝王蟹圓形仙貝，
而且表面上凹凸的點點也像極了帝王蟹的外型，
吃起來有一股濃濃的螃蟹燒烤味，
其他產品包括北海道哈密瓜果凍、小樽運河紅豆餅等也都不錯！

山本製菓

一九五八年創立於日本岡山縣，
由於岡山縣自古便盛產大米，
所以本品牌只使用岡山縣產的優質糯米製菓，
加上倉敷連島牛蒡、岡山縣大豆、瀨戶內海捕撈的蝦等，
盡量以日本在地食材生產。
由於希望產品的口味多樣化，
醬油是從日本不同的醬油製造商選用，
廠內師傅依然採用蒸籠和杵最早期的方式製作產品，
例如台灣有引進的味酥燒米果，
還有鹹甜米果都是我很推的產品。

菊一あられ

一九六三年創立在日本愛知縣一宮市，
一九八九年榮獲第二十一回
全國菓子大博覽會內閣總理大臣賞受賞，
標榜只使用 100% 日本國產糯米，
從糯米用杵臼不停的搗拌成麵團繼而成形大約需四天，
表面醬油味香濃裡面稍微較軟，
加上愛知縣主要在地食材──
味噌，海藻，蔬菜，醬油等。
日本各地的米菓大多都有企業傳承的文化，
與職人精神的製造流程，
買小小一包不會太貴都非常值得嘗鮮。
台灣有引進昆布什錦、砂糖顆粒味噌、紫蘇、海苔、醬油、
洋蔥、柚子味噌、辣椒、鹽味、綜合等。

かも川手延素麺株式会社

一九七二年創立於岡山縣，
而岡山縣淺口市鴨形町現在是日本麵條主要產地之一，
因為高梁川流域的優良水質，
加上岡山縣被稱為晴天之國 (晴れの国)，
也讓製麵的小麥有更優質的生長環境。
台灣有引進鴨川一番手拉素麵，
是用廠內凌晨四點開始，
第一道揉好的麵團拉伸而成，
也是本品牌的招牌產品。
另外鴨川手拉短版烏龍麵，
麵條較為光滑與細緻，
跟我一樣比較喜歡滑溜感的朋友可以吃吃看！
包裝後面都有附上烹調的方式，
大致為將麵條放入大量熱水中，
100g 麵條搭配 1.5 公升煮沸熱水，
下麵時要將麵條攤開，
馬上要用筷子將麵條均勻攪拌不能擺著不理它，
不能偷懶跟煮泡麵不一樣，
水滾後自己取出一兩條麵條試吃看看硬度。
因為此品牌麵條為手工製作所以硬度不一，
每個人有自己喜歡的口感，
如果跟我一樣愛吃冷烏龍麵，
起鍋後需要泡在冷水或冰水冰鎮麵條，
成功一次後你就會有自己以後驕傲的煮麵方式了！

PRESS BUTTER SAND

二〇一七年首家奶油焦糖餅乾專賣店東京車站店開幕，
一直很好奇有多好吃，
買了一盒焦糖奶油夾心餅乾（原味）來吃，
如果喜歡餅乾中有夾心奶油的甜點會非常對味！
所有原料皆以天然奶油和焦糖融合的內餡，
使用雙層烤法將油份去除，
獨創容易咀嚼的餅乾結構，
餅乾外層方形的形狀，
中間凹槽可以輕鬆對摺好入口。
使用「雙層烤法」，將原料與味道達到最佳的協調感，
台灣現有引進焦糖奶油夾心餅乾（原味）、焦糖奶油夾心餅乾、
焦糖奶油夾心餅乾（黑巧）、焦糖奶油夾心餅乾（草莓）等。

福砂屋

長崎蛋糕 Nagasaki Castella，
一六二四年創立，是的！將近四百年！
以糖漿、小麥粉、雞蛋、砂糖等材料，
完全靠師傅手工採用別立法製作，
不使用機器攪拌機，
糕底會吃到顆粒感粗糖，
台灣買得到基本款。
在日本還有特製五三燒長崎蛋糕，
味道濃郁限量發售，
還有福砂屋小蛋糕 Fukusaya Cube
將基本口味的長崎蛋糕作成小蛋糕，
包裝非常精緻，
還每季變化顏色非常適合作為禮品。

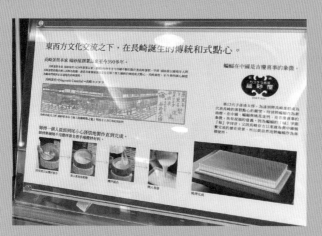

祇園辻利

一八六〇年商號辻利,
是初代店主辻利右衛門的名號,
店鋪最先以宇治地區經營,
後來改以京都祇園為事業基地所以更名祇園辻利。
祇園是八坂神社的參道也是當地傳統藝能的發源地,
品牌為了融合日本傳統與京都的特有文化,
在日本的很多產品包裝是將折紙融入包裝設計,
外表看似一個盒子但卻是折疊起來的一張包裝紙。
台灣也有引進幾個抹茶產品系列:
包括祇園辻利抹茶飲(含糖)、祇園辻利抹茶歐蕾、
祇園辻利焙茶歐蕾等。

左頁店景圖與本頁下方四張圖片，為辻利右衛門先生創立，TSUJIRI辻利茶舖台北店景。

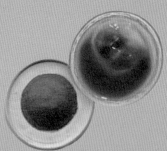

35

尋台灣吃得到の日本美食

崎陽軒

一九〇八年創立於橫濱中華街，
一九二八年燒賣首賣標榜冷掉也好吃，
也是我到中華街必吃的小吃之一。
使用日本國產豬肉與添加了北海道的干貝，
吃起來皮與餡肉比較緊實，
跟有些在台灣吃到的港式燒賣口感很不一樣。
台灣現在有海外的第一家分店，
還有台灣限定版的葫蘆娃醬油瓶。
一九二八年剛創立時，
當時用的是玻璃醬油壺，
之後改為瓷器醬油壺。
一九五五年漫畫家橫山隆一在醬油瓷器壺上畫了表情
共四十八種從此成為葫蘆娃。
一九八八年改由插畫家原田治 (Harada Osamu) 繪製共六百四十種
二〇〇三年推出第三代葫蘆娃共九十六種。
二〇一五年也是我最愛的金色葫蘆娃紀念版，
二〇一八年則有一百周年紀念版。
另外台灣也引進一九五四年推出熱賣的燒賣便當，
曾創下一天熱賣二萬五千個以上。

崎陽軒
KIYOKEN

ひょうちゃんマスコットホルダー
葫蘆娃吊飾

300元

崎陽軒
KIYOKEN

KIYOKEN

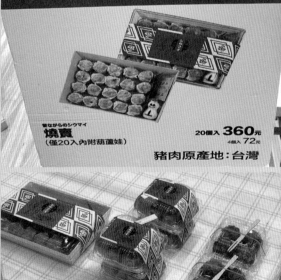

昔ながらのシウマイ
燒賣
（僅20入內附葫蘆娃）

20個入 **360**元
4個入 **72**元

豬肉原產地：台灣

淺草メンチ

從淺草雷門的紅色燈籠進去為仲見世通り，
是裡面排隊熱門店。
特色產品淺草炸肉餅用高座豚與牛肉混合而成的炸物，
神奈川縣舊香座地區在昭和初期飼養高座豚品種，
一開始大約三千頭豬，
但因體型小、肉量少、生長期長，
在市場追求體型大、肉多、生長快的需求下，
慢慢被養殖戶淘汰甚至滅絕，
在人民口耳相傳後變成了幻影豬～
一九八五年綾瀨市和藤澤市的養豬戶，
復活了高座豚，
被神奈川縣選為神奈川百選名產。
因為發現牠的肉質非常軟脂質比例又好，
台灣有引進，
還吃得到海鮮口味喔。

淺草炸肉餅

炸肉餅
（牛肉／海鮮）
4個／**300**元

日本橋海鮮丼
Tsujihan 辻半 (つじ半)

日本連續六年日本全國丼連鎖海鮮丼金賞，
以京都料理亭為模板，
建築美學大師安原三郎設計的內裝，
北海道旭一水產提供頂級新鮮食材。
此品牌海鮮丼用餐方式非常特別～
1. 留
以當天現流生魚片佐胡麻醬，
建議留下一片或兩片，
以完成後面店鋪建議的用餐程序。
2. 拌
將新鮮芥末拌入醬油中，
其實一般日本人吃生魚片，
是芥末醬油分開，
這種醬油融合芥末的方式很有台灣味。
3. 鋪
海鮮丼上桌，
用湯匙將碗上的食材鋪平，
我一般最愛吃的是梅套餐，
食材包括鮪魚、魚卵、緋魚卵、黑海松貝、碎中鮪、魷魚、
阿根廷天使紅蝦，
會將所有海鮮打成泥狀看起來就像海鮮珠寶盒，
而鋪平後因為我很愛吃白飯，
我會先要一份加量的白飯鋪上去，
這是個人喜好，
店鋪建議吃到最後才加飯。

4. 淋

將第二步驟融合的醬油與芥末淋上丼飯，

開始享用吧！

5. 湯

店鋪建議將第一步驟剩下的生魚片與胡麻醬，

倒入留下大約三分之一的飯量與食材的碗中，

此時也是原本店鋪建議加飯的時機，

看個人餐量可加可不加。

店員會為你加上現場加熱，

熱騰騰的日式真鯛高湯，

後來因疫情影響會改為在廚房加湯。

6. 鮮

開始享用來自京都的名餐點，

真鯛茶漬け（真鯛高湯茶泡飯）特色的用餐方式！

除了梅套餐我也吃過竹套餐，

比梅套餐最大不同多了雪場蟹與阿根廷的天使紅蝦，

後來新推出的旬套餐也滿推，

在梅套餐的海鮮丼上多了一些當日現流整片的生魚片，

可以同時滿足喜歡吃整片生魚片與海鮮珠寶盒的雙重體驗！

餐後甜點會有特別在台灣研製，

宇治抹茶布丁佐金時～

入口即化的布丁上面鋪著宇治抹茶粉！

梅丘寿司の美登利

昭和五十二年創業至今，
過去選用每日築地市場直送的鮮魚。
現在則是由豐洲直送新鮮食材，
100% 山形縣產地的米來製作握壽司。
加上美登利自己的壽司醋與瀨戶內的新鮮海藻。
其實我去日本旅遊時，
吃 100 日圓的迴轉壽司我也覺得滿開心的，
因為基本上日本連鎖壽司店食材都有一定的水準。
而美登利是大約十幾年前，
我跟專科的同學去旅遊，
經過涉谷美登利大排長龍到大約至少兩小時以上才吃得到。
而他堅持要排隊吃吃看，
我則是跟他約定好時間，
再回來找他。
因為我真的不愛排很久的隊吃美食～哈！

但從此美登利三個字就讓我印象非常深刻，
在過了一兩年經過銀座美登利，
剛好離峰時間還是要排隊，
但大約是那種半小時可吃到的時間，
好的！從此就愛上了！
在日本大約 800 日圓可以吃到基本套餐，
當然也有價格比較貴的單點與套餐，
而除了壽司套餐我一定會點一份生筋子（鮭魚卵），
它是整片帶筋的每顆鮭魚軟連在一起。
不是我們普通吃迴轉壽司那種一顆顆分開的，
台北目前已有兩間直營店，
可以不用出國就吃到美登利了！

108 MATCHA SARO
一〇八抹茶茶廊

北海道旭川的抹茶甜品專門店，
二〇一四年開始在台灣開設海外分店。
我去東京淺草雷門時，
一定會在仲見世通り左邊的店家，
買杯沒有蓋子馬上喝的冰抹茶，
一〇八的冰抹茶就是那種想念日本的抹茶味道～
其他特色產品包括手工抹茶蛋捲、焙茶蛋捲、抹茶玄米茶蛋捲、
京都府產宇治抹茶、雁音焙茶茶葉、靜岡焙茶粉、
宇治抹茶沖泡飲、抹茶玄米茶、和紙茶罐、抹茶牛軋糖等。

尋日本熱門の服飾品牌

BEAMS

我多半去原宿明治通與涉谷、新宿這三個區塊的分店，
其中明治通在疫情前，
BEAMS 多年來會有五～十家不同類別的分店聚集，
包括 BEAMS、BEAMS T、BEAMS WOMEN、
BEAMS RECORDS、BEAMS BOY、BEAMS PLUS 等，
品牌本身除了自家原創商品外也是家選品店，
現在台北市的富錦街與百貨都有分店，
幾年前在新宿看到的 BEAMS JAPAN 系列，
也在今年用快閃的方式引進台灣，
台灣官網上已經有些許 BEAMS 與日本傳統文化融合～
BEAMS JAPAN 系列可購買。

UNITED ARROWS

有自己原創商品也是選品店，
台北東區與信義區都有分店，
去年讓我備感驚喜引進了～
DIESEL X 日本原宿我很愛的另一家選貨店 GR8 的聯名產品，
目前官網也有購物的功能。

UP START

這是我幾年前在裏原宿與下北澤發現的創意品牌，
它的 logo 是一個微笑的標誌，
而在微笑的嘴巴裡可以把舌頭拉出來，
服飾客單價從 2,000 日圓起跳，
目前實體店鋪皆在調整階段，
只在日本樂天、YAHOO、ZOZOTOWN 等電商平台販售。

Mont-bell

一九七五年登山家辰野勇登上歐洲第一險峰——
瑞士艾格峰（Mt Eiger）後，
與其好友們創立的機能型日本 OUTDOOR 品牌，
我推它的短版羽絨衣，
大約 2,000 多台幣上下，
很適合在台灣冬季輕鬆穿搭不厚重。

ADIDAS

日本各地與台灣分店有時每年引進的單品不同，
以往有時候在日本看到的單品，
想說考慮一下要不要買？
錯過了回來台灣也買不到，
現在網購發達都可以解決了！
日本的足球運動很熱門，
所以常常會看到 ADIDAS 的日本國家足球隊週邊產品，
但籃球運動沒有足球風行，
所以籃球 NBA 反而台灣可以買到的單品較多，
還有之前 ADIDAS SPRINGBLADE 刀鋒跑鞋，
有很多款式也是日本限定發行。

MAISON MARTIN MARGIELA(MMM)

法國品牌比利時設計師在日本很受歡迎，
在很多精品選品店常常看到其單品，
當年日本發售 MAISON MARTIN MARGIELA(MMM) X H&M 系列，
更是經典中的經典，
台灣的團團也不定期有新品引進。

Comme des Garçons PLAY

川久保玲品牌的愛心圖騰，
愛心是知名塗鴉設計師 Filip Pagowski 設計，
疫情前幾年在東京熱門觀光景點的日本專櫃或直營店鋪，
例如原宿表參道上 GYRE 或涉谷西武百貨、
南青山店、新宿伊勢丹等，
很多款式真的會看到很多中國觀光客十件、二十件的買，
台灣團團還有台北東區 EVEN SELECT SHOP 選品店～
現在都有固定新品引進。

JUNYA WATANABE MAN

渡邊淳彌日籍服裝設計師，
發跡於 Comme des Garçons 品牌旗下，
現在很多單品上的 Logo 會標示為
Junya Watanabe Comme des Garçons，
近年與 Moncler 聯名的羽絨衣、
NEW BALANCE 聯名的滑板鞋都頗受歡迎，
台北 HAMA BOUTIQUE 亞瑪精品買得到。

Mcdavid

台灣比較常看到這品牌護具，
無意間在上野的運動用品店舖，
看到這種護具衣褲，
由於材質是聚酯纖維兼具速干、保暖與蜂巢護具的保護，
無論在足球或籃球運動時使用都非常方便，
台灣品牌專櫃近年也有引進類似款式。

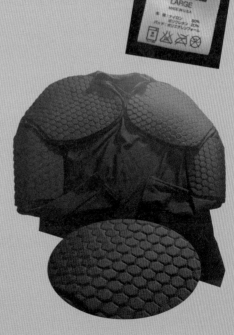

SNOW PEAK

我很推這品牌的機能型服飾，
由於本身是 OUTDOOR 品牌，
服裝設計在功能與元素上都有露營的亮點，
除了營友非常適用外，
平常用來休閒穿搭～
功能強大也非常特別。

NIKE X GYAKUSOU

GYAKUSOU，日文意思為逆行，
其設計師同樣也是 UNDERCOVER 主理人——
高橋盾 (Jun Takahashi)，
與 NIKE 合作發展的慢跑支線品牌，
發想的原因據說是因為高橋盾在公園慢跑喜歡與其他人反方向跑，
哈！有藝術天分的人可能都有自己的堅持！
大推慢跑機能型短褲與防風外套，
在外型設計與材質上都與一般運動品牌有著極大的差異。
這系列產品很多時候亞洲區只有台灣與日本獨賣，
通路也不在一般 NIKE 經銷店鋪，
一般在特定店鋪或選品店才能買到，
例如周杰倫的 PHANTACi 或
北中南都有店鋪的選品店 INVINCIBLE。

OFF WHITE X NIKE

近年與 NIKE 的聯名球鞋讓很多球鞋收藏家愛不釋手,
而球鞋上會有五金行常看到的塑膠束帶——Zip-Tie,
成為標示鮮明的設計經典,
一直聽說當年剛上市時有買家把束帶拔掉……
而 Zip-Tie 與品牌 LOGO 的很多元素,
包括一個 X 型的 45 度角輪廓矢量圖,
有很多建築設計圖的元素在。
而其運用在服飾設計的概念上也非常前衛,
例如:NikeLab Womens WMNS Tie Dye Jacket,推!

THE NORTH FACE

台灣有很多人稱它為北臉或北面，
哈！這種直譯簡單又好記。
但其實品牌名是因為登山時，
山的北面通常是一天中受陽光照射時數最短，
氣溫與地形也會比另外三面普遍險峻，
所以極限運動玩家如果從山的北面登頂就有向極限挑戰的涵義。
品牌發跡跟日本 Mont-bell 一樣，
一九六六年由兩位愛好登山的同好在舊金山成立，
日本因為天氣型態與台灣有些許不同，
可以找到些台灣比較少引進的單品，
羽絨短褲與慢跑背心在機能與實用功能很不錯！
台北也有引進 THE NORTH FACE 黑標──
機能型系列 Urban Exploration 商品。

HOMME PLISSE ISSEY MIYAKE

我很多朋友常常用摺衣摺褲來稱呼，
當年設計原由是希望愛好旅行的買家，
創造一個可以方便亂摺、清洗的材質。
日本除了品牌專櫃有很多選品店引進，
台灣則是以百貨品牌專櫃貨款最為充足。
HOMME PLISSE ISSEY MIYAKE，
是運用皺褶材質設計的男裝支線，
有些服飾單品的材質普遍較 PLEATS PLEASE 為厚，
台灣也有引進品牌專櫃，
另外常看到的 me ISSEY MIYAKE，
則是一樣皺褶材質的配件。

UT (UNIQLO T-Shirt)

當年原宿第一間店開在明治通上，
一蘭拉麵的旁邊，
至今還是難忘當初第一眼看到 T 恤被裝在透明罐頭裡的感動！
當年全名為 UT(UNIQLO T-Shirt)STORE HARAJUKU，
至今都可用較為平價的價格，
買到日本動漫或各國品牌設計師、插畫藝術家等的聯名商品，
UT 誕生以前要買比較特別或系列較多日本動漫的 T 恤，
普遍都是 COSPA 出的，
大約都在 3,000 日圓以上，
更別說與村上隆與 KAWS 聯名的商品價格上有多造福買家了！

UNDER ARMOUR

我個人很推其聚酯纖維運動 T，
它也是我愛上這個材質的啟蒙，
當年穿 UA 以前因為本身很愛穿 T 恤，
十件有九件都是棉 T，
但棉 T 總是有洗完領口會鬆弛或者衣角袖口變形等煩惱，
學生時期雖然在忠孝東路與敦化南路口——
United Colors of Benetton 買過一件聚酯纖維 T，
也買過 Morgan 出的聚酯纖維上衣，
但因材質稍微偏厚……
接觸 UA 起源也是因為 NBA 球星 STEVEN CURRY 的代言，
但人家明明是推球鞋，
我卻愛上了 T 恤，哈！
當年與 MARVEL 出的超級英雄緊身 T 堪稱經典，
日本當年有雷神索爾款式是台灣沒有引進的，
直到現在習慣聚脂纖維 T 的我已經回不去棉 T 了……

橫須賀

橫須賀 Sukajan 外套 (英文 Souvenir Jacket)，
如果你去過橫濱或者鎌倉，
常會看到地鐵橫須賀線，
二戰後美軍在橫濱南方東橫須賀市駐港，
當時美軍在軍裝外套上，
刺繡一些日本當地的地圖與圖騰而後廣為流傳。
後來橫須賀在地職人用 MA-1 飛行外套，
手工改良在綢緞的外套上，
也就是後來我們常在日劇中看到暴走族著裝，
二○一六甚至讓 GUCCI、LV 的國際品牌在時裝秀中造成當年風潮。
你會在淺草、原宿、上野看到街邊大約 3,000 日圓上下的版本，
而在下北澤、涉谷古著店或選品店看到 30,000 日圓以上，
有授權的日本動漫圖騰──七龍珠、超人力霸王、麵包超人等版本，
有的版本還會做雙面刺繡一件當兩件穿。

CW-X 日本 Wacoal 華歌爾

是的，就是那個女性內衣品牌華歌爾，
近年國際運動賽事，
會看到很多運動員在身體上貼很多運動膠布，
主要是沿著肌肉伸展方向，
以給予支撐力度或延展，
而 CW-X 就是利用這樣的原理來推出其運動服飾，
前幾年台灣專櫃已有引進，
也可以在一些選品店或日本網購上搜尋。

LUCAS HUGH

Alexander McQueen 實習設計師 Anjhe Mules 主理，
對，就是那個女生都很愛很貴的 McQueen 鞋，
電影《飢餓遊戲》中，
女主角珍妮佛‧勞倫斯與選手訓練時著裝，
除了有機能型運動服的特性，
也注入了很多時尚元素的優勢，
台灣團團會不定期引進商品。

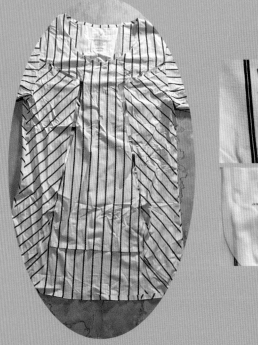

MIZUNO

常看日職的朋友對這品牌一定不陌生，
我推常看到日職球星訓練時，
或正式比賽穿在球衣內保暖的長短袖機能衣，
日系品牌與歐美品牌機能衣不同的是，
為比較貼合一般亞洲人的身材，
而且日本常給各類型運動球員著裝，
基本上也算是日本的國民運動衣了，
因此材質加了抗紫外線 UPF 與消臭處理，
台灣品牌專櫃都有引進新品。

mitchell & ness

推出很多 NBA 傳奇球星的復古球衣，
如果你當年或者小時候……沒有買到當時傳奇球星的球衣，
現在可以用當時的價錢大約新台幣 2,500 上下，
買到以傳奇球星為元素的新制球衣，
像這種滿版的羅德曼買了真的也捨不得穿！

RICOH

很多日本攝影師或攝影愛好者喜歡使用的相機品牌，
尤其是 GR 系列，
早期沒有手機 APP 時代，
可以拍出那種有點 LOMO 味道的色調，
但又有日本優秀鏡頭光學素質的層次，
很多攝影寫真常用來拍街景攝影，
台灣常常稱為街拍之王、街拍王！
現在已經出 GRIIIX，
當然也有很多玩家會回去買 GRI、GRII 等早期的系列來把玩，
台灣也有代理商公司貨引進，
這件 RICOH × ADIDAS 很有紀念價值！

SATISFY

這是我偶然在台北選品店 ASPORT 發現的品牌，
它的 DISTANCE 系列慢跑短褲，
用兩件式的設計讓你不用準備兩件褲子，
面料防風防潑水真的很輕也舒適，
一開始被它把一般服飾白色的尺寸與品牌內標，
標在褲子大腿正面感到好奇，
原來本身就喜歡慢跑的法國設計師 Brice Partouche，
希望減少內標在跑步時摩擦肌膚帶來的不適感。

尋台灣買得到特別の日本小物

薰衣草快眠睡枕頭

之前在東京上野阿美橫丁，
有看到寫著日本製技ソ匠井上職人的薰衣草快眠睡枕，
現在台灣也有廠商引進類似的產品。
純棉的枕頭布，
裡面 98% 北海道蕎麥殼 +1.9% 乾薰衣草，
搭配 0.1% 薰衣草精油。
標榜北海道直送手工精制，
如果你本身在睡覺時本來就習慣點上精油或香氛，
是可以嘗試看看。

橫濱馬油商店

馬鬃脂油（生馬油）以馬的後頸部傳統冷壓萃取，
一匹馬後頸只有少數的油脂。
二〇一七年榮獲日本橫濱市長首獎，
標榜日本製造，
不含防腐劑、添加物、起泡劑、香料。
天然成分不含任何化學成分，
有 SGS 檢驗與日本食品檢驗合格，
台灣代理商有引進橫濱馬胎盤精華液、橫濱頂級馬鬃脂油、
BAYASUS 馬油保濕鎖水精華面霜、馬鬃脂油洗髮精、
馬鬃脂生馬油手作肥皂、天然蒟蒻海綿等產品。

能作 NOUSAKU

從一九一六年富山縣創立至今，
擅長用黃銅製造花器或風鈴等。
用 100% 錫造的杯子或茶具，
因錫不易氧化的特性是僅次於金、銀的貴金屬，
也因自古就有錫能自然去掉飲料的酸澀味進而順口，
古代也有傳說錫裝的水，
拿來澆花比較可以延長花的生命期。
之前我知道能作是因為在日本看過它出的十二生肖錫杯，
這次能作 X DORAEMON 哆啦 A 夢，
因為其作者藤子・F・不二雄
就是出生在能作 NOUSAKU 所在地富山縣高岡市，
包括祕密道具筷架組、小圓盤、風鈴、紙鎮、記憶吐司方盤等，
聯名商品我真的覺得很經典。

銀雅堂

來自日本金屬之鄉富山縣，
其用砂、錫製、自然石、鋁等，
很多金屬與砂石元素打造的造景小物，
包括倒映富士水盤花器（赤富士、墨富士）、
倒映富士香立（赤富士、墨富士）、
禪風雲影水盤花器等，
都是很有品質的富士山小物。

URBAN GREEN MAKERS
清水模盆器

近幾年很多餐廳酒吧的地板採用清水模，
我自己也很愛這種簡單又工業風的材質。
此品牌用清水模打造的花器與盆器，
可以讓你自己發揮創意 DIY。
拿來置物或小植物讓你簡單擁有清水模！

增田桐箱店 MASUDA KIRIBAKO

一九二九年日本福岡創立，
使用桐木來製造儲存食材或物品的木箱。
實木不做多餘的加工與塗層，
因為桐木材質比較有韌性且重量輕，
加上乾燥係數小，
是很有天然概念的防潮箱。

Cohana

KAWAGUCHI 株式會社的手工藝品牌，
名字為日本神話中的 Konohanasakuyahime 女神，
像徵日本的富士山之神。
到二○二一年五月為止，
Cohana 已與全日本約六十個城市或地區的產業合作開發商品。
包括紙鎮、小型收納包、道具包等。

土質漆器 URUSHI TUMBLER

於福井縣鯖江市河和田，
把產品的制飴、裝飾、上漆等步驟，
經由各種不同專業的職人完成。
而在制飴之前的塗灰、中塗、上塗、蒔繪等工序，
整合所有工匠在一個廠內完成，
讓漆器產品不會因為轉包不同代工廠而使得品質難以控管。

日本富硝子 TOMIGLASS

一九四八年創立超過七十年，
原為東京下町的玻璃商店，
GLASS 就是玻璃或曾被稱作琉璃，
而其原料為硝石所以此品牌取名為硝子，
手作浮世花舞小缽系列都是手工製作。
現在東京與千葉僅有六家窯廠能生產江戶硝子，
算是非常具有紀念價值的日本手工藝。

日本進口明信片與手帕

在日本無論車站裡的特色商店，
巷弄裡的百元商店，
甚至超商、超市等，
書店就更不用說了，
都會看到很多特色的明信片、卡片與手帕或方巾，
現在手機通訊 APP 傳訊很方便，
但日本至今仍保有在重要節慶，
又或旅行又或在自己想要與朋友分享重要喜悅的時刻，
寄出或收到明信片都還有一定要遵守的禮節，
所以多樣種類的明信片就成為大街小巷常常會看到的小物。

而手帕在台灣或許只有幼稚園、小學……
家長會教導小朋友帶個手帕維持整潔，
日本也是從小教小孩要攜帶手帕，
但長大成人後無論在職場或平日生活習慣上，
手帕在台灣或許是搭配的單品，
卻是日本人的必需品。
台灣現在也可以買到很多日本原裝進口的明信片與手帕或方巾，
其中手帕或方巾的材質，
已經不一定是傳統棉質，
而是改良式標榜薄輕長的綿紗巾。

日本進口雜誌與贈品

你可以說日本是一個很前衛、很進步，
軟硬體設施與日俱進的城市與人民，
但某些事情上日本也很傳統、很固執，
至今二〇二二年了，
無論你在新宿、涉谷等大車站，
或者遠一點的住宅小站，
你還是會看得到唱片行、錄影帶出租店（是錄影帶喔）、
大小型的雜誌與漫畫書店，
TOWER RECORDS、HMV 東京都還是有分店，
在台灣這些已經被時代洪流淹沒的傳統媒介，
日本人還是很堅持的保有著，
甚至很蓬勃的發展著……

大約二十年前在剛去東京的前幾年，
當時的很多日本雜誌，
不像現在台灣可以在大型連鎖書店買到，
包括 A BATHING APE 當年也還沒有台灣中文版，
但它的贈品真的很多都非常值得擁有，
很多女性服飾品牌也會出雜誌限定的小物，
跟 A BATHING APE 一樣，
有時候對比去品牌專櫃或店舖買個小物，
可能都比這本雜誌貴兩倍以上了。
而且到底是為了贈品買雜誌？
還是為了雜誌順便買贈品？
至今我都還會看到新雜誌時在心裡糾結著，
只能說你就跟著自己的心走吧，
會讓你想買就是日本雜誌成功之處！
可能近年疫情影響，
我也慢慢注意很多露營的品牌與配件，
日本雜誌的露營小物贈品也真的都很優。

尋日本特別の設計師與收藏品

Be@rbrick

二○○一年誕生了第一隻熊，
每款熊素體長都一樣但會有不同的圖騰，
主要尺寸有 100%、400%、1000%，
至今總計超過了一百次以上的聯名，
一些與高單潮流或精品品牌聯名款很多收藏家愛珍藏，
其實有些日本傳統圖騰款——
浮世繪、不倒翁、富士山、招財貓等，
也是非常值得收藏的系列。

Comme des Garçons PLAY

除了服飾單品以外，
也會出少量的周邊單品，
香水、Be@rbrick、鞋款、泳衣、泳褲等，
Comme des Garçons PLAY X NIKE AIR FORCE，
鞋頭還有恐龍的立體造型，
Comme des Garçons PLAY X native
鞋身塗滿經典的點點設計，
Comme des Garçons PLAY 的泳褲素面配上一個小愛心，
裝泳褲的收納袋愛心給得非常有誠意。

SNOW PEAK

日本人稱它為露營界的 LOUIS VUITTON，
一九五八年由山井幸雄創立，
原本他是新潟縣中部的三条市的金屬批發商，
原本就熱愛登山在一次攻頂後，
因為發現有些裝備日本很難買得到，
於是自己找材料請打鐵職人生產了岩釘與冰爪，
再經過幾次修改後成了 SNOW PEAK 第一批熱賣商品，
台北統一時代有直營品牌專櫃，
帳篷、鑄鐵鍋、雪峰杯、咖啡濾杯、服飾、登山周邊配件等，
每季都有新品引進，
初階的會員卡是紙卡非常有登山家的環保意識，
每年的品牌型錄質感我大推。

niko and ...

Nobody I Know Own Style 的縮寫，
後面的 and 代表無限可能！
lifestyle 的周邊單品與文具很值得不定時去逛逛，
台北忠孝敦化東區旗艦店完美複製了──
東京原宿旗艦店 Café、藝術創作、藝文活動三個區塊，
產品非常多元的日系選品店。

DARIO

當年 H.P.FANCE 集團聘任台灣設計師謝仁欣，
二〇一三正式成為 DARIO 品牌設計師，
當年因參加台灣時裝設計新人獎奪冠，
之後日本評審為 H.P.FANCE 集團代表佐藤美加，
邀其赴日參加 roomsLINK 展示會而發跡，
喜歡運用很多鮮豔色調與塗鴉的元素，
這件短版燕尾服是當年我在東京原宿 LAFORT，
二〇〇八年成立至今的選品店 WALL 看到！

DRESS CAMP

設計師巖谷俊和，
二〇〇五年在南青山 COMME des GARÇONS 後面，
由 A BATHING APE 店鋪室內設計師片山正通，
為他設計了品牌旗艦店，
當年也與 Champion 及日本足球明星中田英壽推出聯名商品。
這件微笑佯裝令我過目難忘！

GR8

是我每次造訪東京原宿一定會去的選品店，
常常會有很多國際新銳品牌的驚喜！
就算不買東西，
進店裡看看陳列商品的方式與裝潢就很值得了，
常常首發很多 NIKE、ADIDAS 的限定鞋款，
DIESEL X GR8 的聯名產品，
台灣的 UNITED ARROWS 有引進。

A-COLD-WALL

A-COLD-WALL*(ACW) 其設計師 Samuel Ross，
從小在英國工人階層家庭長大，
所以單品設計混和很多工業風元素，
鋁箔、PVC 等，
所有單品皆在東倫敦工廠手工縫製，
所以單價會比一般在中國製造的品牌略貴，
獨立成立品牌後與 NIKE、Oakley、Fragment Design 等
有很多聯名的作品，台北 One fifteen 初衣食午有引進。

star styling

德國柏林設計師 Katja Schlegel 與 Kai Seifried 成立，
就如品牌名嬉皮，是主要設計元素，
喜歡用金屬亮片、塗鴉、不規則幾何圖形等圖騰。
東京原宿、涉谷很多選品店都有此品牌單品！

A BATHING APE

一九九三年 Nigo 創立，
但最具代表性的 LOGO 猿人頭，
其實是由插畫家中村晉一郎 (SKATETHING) 設計，
一九九八年木村拓哉在 HERO 電視劇中著裝咖啡色皮衣引起風潮，
也是東京裏原宿區塊最代表的潮牌之一。
台灣現在品牌專櫃是二〇一一年由邱淑貞老公──
IT 集團沈嘉偉併購，
我很推這品牌的配件，
相較服飾來說很多都是少量生產，
多年來有很多不錯的單品，
例如彩色迷彩的行李箱、MARVEL 蜘蛛人聯名鞋、
SANRIO 家族聯名鞋與服飾、MILO X HELLO KITTY、
MILO X 假面騎士等。

PAUL SMITH

英國彩色條紋精品品牌，
台灣百貨都有引進品牌專櫃，
在日本也非常受日本人喜愛，
跟 BURBERRY 藍標一樣，
PAUL SMITH 也有日本獨賣系列 Red Ear，
其他副支線包括 Paul Smith London、
PS by Paul SmithPaul Smith Women、
Paul Smith Frangrance、Paul Smith Watches、
Paul Smith Furniture and Things、
Paul Smith Jeans、Paul Smith Shoes、Paul Smith Pens 等，
光在日本就有近兩百間品牌店鋪或專櫃，
之前跟電影 MIB 星際戰警：跨國行動的聯名，
也是電影迷心中經典，
片中 Paul Smith 本人還客串了 MIB 倫敦分部看守員，
現身為男女主角量身訂製黑西裝還有出現品牌彩色條紋的襪子。

D.TT.K

DETTO K 二○一二年創立，
原本是涉谷選品店 CANDY 店員，
加上會去 Club 打碟與模特兒身分，
服飾風格結合了街頭、機能、電子音樂等設計元素非常多元，
G-Dragon 和 2ne1 的 DARA(Sandara Parrk) 也常著裝。
用拳擊背心外型設計的多功能 OUTDOOR 背心非常特別實用。

KOKON TO ZAI(KTZ)

KTZ 是由 Koji Maruyama、Sasko Bezovski、Marjan Pejoski 創立，
KOKON TO ZAI 一九九六年原本是一家選品店，
其中 Sasko Bezovski 曾在 CLUB 打碟，
所以原本 KOKON TO ZAI 也會看得到很多音樂唱片，
而後發展成為服飾品牌，
Rihanna、Kanye West、Beyonc é 等都曾著裝。

山田工業所

一九五七年於日本橫濱創立，
於當地中華街的料理師大都指定使用山田工業所鐵鍋，
所生產之鐵鍋皆為日本當地生產，
鍋身經過幾千次以上拓打，
一體成形的鍋面形成極薄圓弧狀，
導熱極快，
有的系列還會做斜面設計，
讓料理時方便翻炒。

尋特別推薦の日本小物與配件

兄弟象 X DRAGON BALL

七龍珠 (DRAGON BALL) 日本漫畫家鳥山明經典作品，
從一九八四年問世至今依然暢銷，
影響了不只一個世代的動漫迷，
日本當地各類授權商品為數眾多，
二〇一八年台灣中職兄弟象隊與七龍珠聯名商品頗為特別，
棒球與球衣的設計與質感真的很不錯！

DART SLIVE OR PHOENIX
動漫聯名積分卡

日本近年很流行軟式電子飛鏢，
每次去東京我都會去涉谷道玄坂上的 DARTS HIVE，
因為場地很大地點又方便，
裡面同時還有撞球與兵兵球設施，
可以在安排完一天的行程後利用晚上的時間去。
就算玩太晚錯過電車，
如果你住宿旅館在新宿市區附近，
搭計程車費用也在還可以接受的範圍。
而東京飛鏢機大致分為 DART SLIVE 與 PHOENIX 兩個系統，
台灣也都有引進，
不定期都會推出與各動漫聯名，
或頗具日本文化設計元素限定發行的積分卡 (會員卡)。

RIMOWA SPORT

知名德國工藝的行李箱品牌，
以往去日本東京，
常常上野阿美橫丁橋下的商店街，
或者各唐吉訶德 (Donki) 分店路過尋寶，
有時候會看到意外驚喜款式或價格，
台灣也有品牌專櫃買得到。
我個人推薦 SPORT 系列，
外型很像個小冰箱，
旅行時非常好塞，
Topas 款式金屬材質很有質感，
SALSA 則是其最知名的 PC 材質。

Moncler Acorus

我記得約莫二○○三年前後的秋冬，
在東京原宿或涉谷的選品店，
常常看到這品牌羽絨衣，
每件單價平均在 60,000 日圓，
甚至有的特殊款會到 300,000 日圓以上，
例如日本特別版 K2 SPECIAL，
心中滿是疑問～羽絨衣為何要這麼貴？
當年二十出頭歲的我因為本身非常怕冷，
東京冬季氣溫常常會在 1~3 度，
記得總是要衛生衣＋高領毛衣＋外套……，
把自己塞滿才覺得身體是暖的。
後來聽一個也常去日本的朋友說，
買一件好的羽絨衣真的差很多，
的確！如果你往往喜歡在秋冬季節或農曆年連假時去日本，
甚至覺得台灣秋冬也滿冷的，
Moncler 的 Acorus 系列滿值得入手，
基本款頗輕不會太厚在台灣也適合穿。

HYPRICE X Blake Griffin

幾年前無意間在東京涉谷的運動用品店入手，
運動拉傷或冬天保溫都還不錯用，
它的冰敷袋是橡膠材質還有專利放氣閥，
接觸皮膚伏貼個人覺得舒適，
當年是 NBA Blake Griffin 代言，
現在台灣屈臣氏、PCHOME 等電商平台或品牌專櫃都買得到。

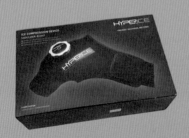

Tokyo Olympic 2020

東京奧運因疫情一波好幾折，
終於在二○二一開賽，
但因原本是在二○二○舉辦，
所以日本政府決定原有 LOGO 還是維持二○二○。
二○一九～二○二○東京各地有很多
Tokyo Olympic 的期間限定店，
可以在 online store(tokyo2020shop.jp) 看到部分的商品。

拍立得 X TAKARA TOMY

基本上用底片來拍照，
在現在手機相機功能強大的年代，
甚至都有 APP 可以模擬底片的效果，
但體驗那種按下快門就有張實體相片的感覺是無可取代的，
日本攝影師米原康正、奧山由之等，
近幾年都依然有堅持用拍立得發表的攝影作品問世，
拍立得相機與底片也都會與日本動漫聯名，
台灣也都有代理商引進，
而更進階數位式拍立得相機，
則可以選擇自己滿意的那一張再列印出來的功能，
機器比較貴但可以省很多底片費用。
而如果你真的不喜歡多帶一台相機，
也可以使用手機拍照，
再使用 TAKARA TOMY 的拍立得列印機，
也是不錯的選擇！

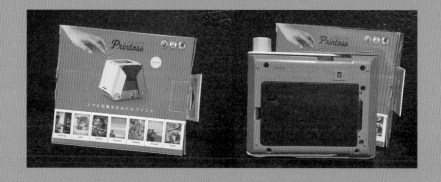

SNOW PEAK X 日清杯麵

SNOW PEAK X 日清杯麵
熱愛露營的露友對這品牌一定不陌生，
日本限定發行與日清杯麵聯名的鈦金屬鍋具與杯具，
除了有特別的收藏意義，
使用起來因為鈦金屬原本導熱速度就很快，
在烹調上真的也非常實用。

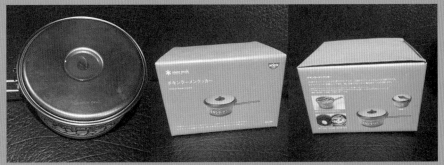

尋台灣逛得到の日本品牌店舖

紀伊國屋

一九八七年紀伊國屋書店引進台灣，
在當時的太平洋崇光百貨 SOGO 台北忠孝館樓上。
現在為遠東 SOGO 台北忠孝館，
懷舊一下現在遠東 SOGO 敦化館，
以前是永琦東急百貨。
當時第一家在忠孝館的紀伊國屋書店，
還記得門口右邊進去，
是小時候第一次看到日本原版漫畫的感動，
雖然不懂日文，
但就是第一次看到原來正版的日本漫畫長這樣，
而且單價是大約台灣中文版的兩倍到三倍！
不過當年因為場地坪數有限，
而且一九八七年剛解嚴，
你沒聽錯！是解嚴！
跟現在在台北的紀伊國屋書店相比，
以現在的藏書量與複合式書店的陳列方式，
我當然是推現在的！哈哈！
最新或經典的日本雜誌、日本漫畫、日本繪本等
只要日本出版商沒有絕版，
原則上都買得到，
現場已售完的日本書籍也可以詢問可否預定的到喔！

145

淳久堂

日本淳久堂創立將近一百年，
二○○九年來到台北現在定位在社區型的書店，
不追求很大的空間，
但希望接近與日本一模一樣的購書環境。
所以很多日本書籍與雜誌是沒有透明膜包裝的，
的確！在日本你走進便利商店，
基本上書籍與雜誌很多都是裸裝，
可以讓你自由翻閱。
特別標示館內的定價以每月台幣兌日圓匯率調整，
每月調整這點還滿替消費者著想的！

TSUTAYA BOOKSTORE
WIRED CAFE 台灣蔦屋

當年第一間代官山蔦屋書店，
由現 TSUTAYA BOOKS 董事長增田宗昭創辦，
一九八三年創業至今的 TSUTAYA BOOKS，
專營影音複合式書店，
裡面有唱片行區塊、錄影帶 (後來的 DVD、藍光) 出租店區塊、
書店、咖啡店等，
在日本最多有超過一千間的店鋪！
而代官山蔦屋書店因為在代官山腹地很大，
可以把它比喻為社區型的大型複合式圖書館，
而台灣蔦屋則一樣秉持這樣的精神，
除了有複合式書店的特色，
強調可以與朋友來書店用餐，
推出多人用的台灣限定套餐，
逛書店不再是半小時或一小時，
而是可以花上整個下午。

無印良品

一九八〇年由西友株式會社創立，
品項從大約四十個到現在約六千個，
無印良品 MUJI 原本日文直譯為沒有花紋的好商品，
或沒有品牌的好商品，
但很多人會問可是 MUJI 本身不就是個品牌嗎？
如果把商品上面的價格標或包裝拿掉，
在 MUJI 的商品上是沒有品牌 LOGO 的。
二〇〇四年統一集團首先引進台灣，
在東京我很愛去銀座旗艦館，
在日本的全家便利商店也會看到 MUJI 的專區，
後來台灣的 7-11 也有類似店中店的概念，
但現在台灣有了全球的創舉，
就是 MUJI 進駐大型量販店全聯。
台灣現在的 MUJI 也引進很多日本分店的元素，
包括二〇〇三年在日本發起的 Found MUJI 活動專區、
SPECIAL PRICE 單一優惠區、
MUHI APP 會員九折優惠等。

台隆手創館

二○○○年東急手創館與台隆工業引進台灣，
在西門町中華路上國泰一號台北中華大樓，
打造與東京新宿涉谷類似一整棟的的 HANDS 台隆手創館。
當年有逛過的朋友一定印象深刻，
因為真的是非常完整的台隆手創館。
而後更改經營模式為在台灣各大百貨的單一樓層，
陳列區複製了類似日本分店的分類方式，
包括日本溫泉商品區、銀座樂活區、銀髮縮時家電特集、
GIFT SELECTION、店主推薦、居家必備的好物推薦等。
每次去東京我還是會排大約兩個小時的行程，
去好好逛逛 HANDS 台隆手創館，
因為最新的各類產品都有機會在館內看到，
可以非常節省時間～
了解到當月或當季日本最新產品！

阿卡將

日本阿卡將本舖創業至今已八十八年，
是日本嬰幼兒很有代表性的店舖。
而在東京的分店多半不在鬧區，
例如江東區的豐洲或墨田區錦糸町，
讓很多台灣旅客瘋狂的就是～
可以用比較平價的單價入手日本製的嬰幼兒產品。
例如我帶過同學去錦糸町分店，
買了很多大約 700 日圓上下日本製的幼兒服，
還有很多麵包超人玩具。
是的！阿卡將本舖往往可以找到很多～
原本可能分散在各玩具或百貨店舖，
全系列的麵包超人玩具商品，
二〇一九年成立台灣樹林分店，
現在台北東區也正式成立分館了！

atré 艾妥列

atré 是取自法文的 attrait，魅力的意思！
一九九○年在東京創立第一間分館，
多半是與地鐵共構的方式經營，
品牌分為一整棟大型的商場 atré 系列。
例如目黑、秋葉原、上野等分館。
另外還有 atré vie 系列屬於比較小型的規模，
坐落在三鷹、東中野、巢鴨等。
二○一九正式在台北市信義區的微風南山百貨成立海外分館，
也是日本海外直營的首店，
歡慶來台三週年的活動以東京白日夢為主題，
還邀請了日本插畫家小鈴キリカ (Kosuzu Kirika)，
以連線方式似顏繪。

最大賞還有機會拿到～
在台北南京東路 JR 東日本大飯店台北贊助的，
豪華套房雙人住宿券、頂級日本懷石料理雙人晚宴、
JAL 日本航空日本來回機票等。
而我最推的就是由 atre 艾妥列在館內引進的各類日系品牌～
TOKYO MILK CHEESE FACTORY、SARUTAHIKO COFFEE 猿彥、
松本清藥妝店、bpt ROOM、
ライトオン咖啡 (日本選品店 Right-on 快閃店)、
URBAN RESEARCH、2nd STREET、Panasonic 等。

KALDI COFFEE FARM
咖樂迪咖啡農場

自一九七七年在東京開業，
在日本已快五百家分店。
尤其是冬天的時候在日本旅遊，
只要經過 KALDI COFFEE FARM 咖樂迪，
店員都會端上一杯免費、
現沖熱騰騰的咖啡招待你，
請你入店好好地逛一逛。
我比較常去的是下北沢店、東京站八重洲地下街店、
涉谷道玄坂的東急フードショー店等，
店內主要裝潢元素會看到以木頭櫃為主的，
以西方國家的圖書館為藍本，
從世界各國嚴選食材、泡麵、零食、點心、調味料等。
而且很多商品是用紙箱特價的親切方式陳列，
二〇一八年開始進駐台灣，
跟在日本的分店一樣，
KALDI COFFEE FARM 咖樂迪標榜原汁原味引進～
日本自家烘焙自有品牌的咖啡豆，
還有以日本各地食材製作自有品牌 MOHEJI 系列商品。

Daiso 大創

一九七二年創辦人矢野博丈原本只是在日本超市，
用手推車販售一百日圓產品。
一九七七年成立大創，
希望消費者可以用一個銅板的力量買到好產品，
可以說是日本 100 日圓商店的先行者，
也是日本百均文化的代表企業。
也是我二十幾年前第一次到東京原宿竹下通，
為之驚豔的百元商店，
因為你可以用一百日圓，
買到日本動漫正版授權、HELLO KITTY 等，
文具、小物、周邊產品與用品，
而大創產品的品質，
我個人認為以 100 日圓來衡量是非常好的，
甚至很多是自開發自產自銷的自有商品。
目前與全世界大約四十五個國家，
一千四百家製造商配合，
全世界大創店舖數已超過五千家，
總計七萬種商品以上還有二十三個大型倉庫，
二○○一年引進台灣至今分店已快七十家，
在台北分店也可以買到與日本同步的 DISNEY 商品，
近幾年也推出安心價標示日幣價格的匯率，
大約是日幣 X0.3 換算台幣，
如果讓你省去了赴日的機票住宿，
其實是還頗合理的價格。

DON DON DONKI
驚安的殿堂～唐吉軻德！

在疫情不能去日本的這兩年，
相信很多人都跟我一樣，
覺得還好台灣開了一家唐吉軻德可以逛，
即將開第二家位置在光華商場旁。
我本身是此品牌的鐵粉，噗！
可能就是愛逛雜貨店吧！
在東京我去過的分店：
包括秋葉原店、銀座本館、六本木店、赤坂店、淺草店、
上野店、涉谷店、中目黑店、目黑駅前店、新宿歌舞伎町店、
高田馬場駅前店、新宿東南口店、新宿店、中野駅前店、北池
袋店、池袋駅西口店、池袋東口駅前店、沖繩国際通り店等，
而台北店，
我只能說真的把原汁原味的 DONKI 搬來，
非常有誠意！

而且好處是商場很多的產品都有中文說明，
上述每一家 DONKI 基本上我一定會去找，
壓倒的驚安～
有的分店是很大型的陳列架，
而有的分店可能是隱藏在很小的角落，
甚至桶子裡……
台北店意外的有很多 DONKI 的企鵝周邊產品，
以往在日本看到的企鵝都是非賣品包括娃娃！
負責人推薦商品：
這個區域在日本也是我很愛挖寶的區塊，
有可能是當店負責的採購、主管、或品牌經理等，
挑選角度可能是便宜或者最近熱賣的商品與新品。

情熱價格：
代表 DONKI 自家的原創產品，
可能是標上自己的 LOGO 委外製作，
又或者自己生產的產品，
所以一樣類型的產品，
在價格上會比其他大品牌來得便宜許多。
台北店有引進日本製的爆笑襪子，
文具區、健身區也有很多日本品牌的產品。
台灣限定・全球獨家的 DONKI 紀念 T 恤，
真的是滿值得購入目前標示只出一版！
日本品牌的平價鍋具與烤肉架滿值得購入，
全台獨賣的 AS 提籃果凍，
看到獨賣就會很吸引目光！

KIN-ITSU 均一商品：
類似大創的概念這區產品都均一價。
調味料區有引進非常多日本產地的調味料，
蔬果區與生鮮區也藏有非常多驚喜！
除了來自日本各產地的新鮮水果、
日本原裝進口的特盛帝王蟹味棒、蟹腳、
還有一整隻的熟鱈場蟹、松葉蟹等。
JAPAN 日本空運：
標榜日本直送空運的產品，
像這盒生魚片有著 JAPAN 日本空運與情熱價格，
兩個標籤存在，
所以千萬不要誤會 DONKI 會貼情熱價格，
一定就是很便宜可能品質比較不好的產品，
反而你可能會找到很多高品質又低價的商品。
這瓶日本直輸的冷泡煎茶，
還搭配 DONKI LOGO 的透明瓶。

JAPAN PREMIUM FROM JAPAN：
強調日本品質的製作過程，
例如這個用主廚的感想特製台灣雞排，
用日本水果例如麝香葡萄製成的台灣糖葫蘆，
因應台灣中秋節而開發的大福等。
3 元的小紀念品：
結帳區可以選購 DONKI 的環保袋或購物袋，
有企鵝的 LOGO ～
台北有 DONKI 真好！

尋日本熱門の動畫與漫畫

宮崎駿 吉卜力工作室

一九六三年四月宮崎駿進入東映株式會社，
對就是拍很多真人特攝戰隊卡通的東映！
片頭是海浪拍打岸邊礁石的影像，
第一次使用為一九五五年爾後沿用至今。
當年取景地為日本東京千葉縣銚子市的犬吠埼燈塔南側下方岩場，
礁石有三顆分別代表東映的前身—東橫映畫、東京映畫配給、
太泉映畫。
一九七九年宮崎駿加入東京電影新社，
魯邦三世：卡里奧斯特羅城，
為其首次擔任劇場版長篇動畫導演的作品，
現在在 Netflix 還可以看得到。

一九八二年在 Animage 雜誌上連載了風之谷，
於東京電影新社工作時認識了夥伴鈴木敏夫，
之後鈴木敏夫透過德間書店協助，
幫宮崎駿在日本東京吉祥寺成立後來大名鼎鼎的吉卜力工作室。
一九八六年完成工作室首部電影天空之城，
一九八八年完成龍貓之後的霍爾的移動城堡、神隱少女等知名
的動畫作品，大家都耳熟能詳。

宮崎駿動畫系列很多周邊產品，
台灣早期沒有代理商，
現在有橡子共和國台灣店引進正版授權商品。
之前吉卜力的動畫世界特展有來台北華山展出、
吉卜力動畫手稿展也在中正紀念堂開展。
最近二之國：交錯世界手遊上市，
是吉卜力工作室、日本電玩公司 Level-5、久石讓的作品，
也是吉卜力非常罕有的正版授權遊戲。

灌籃高手 SLAM DUNK

作者井上雄彥一九九○年在集英社週刊少年 Jump 上開始連載造成轟動，
造成轟動，
一九九三年十月十六日在朝日電視網開始播放動畫版，
至今台灣電影頻道也重播了無數次。
動畫裡的主題曲與樂團，
相信各位粉絲一定如數家珍：
BAAD 君が好きだと叫びたい（好想大聲說喜歡你）、
ZYYG ぜったいに 誰も（誰也不能左右我）、
大黑摩季あなただけ見つめてる（我只凝望你）、
WANDS 世界が終るまでは……（直到世界的盡頭）！

二○○四年因為漫畫銷售突破一億冊，
在日本神奈川縣立三崎高中校舍，
井上雄彥用粉筆在黑板上繼續創作了～
原本漫畫中全國大賽結束後十天後的劇情，
二○○九年節錄在灌籃高手十日後 DVD 中發售，
連現場的 23 塊黑板都製作成紀念品。
原本井上雄彥一直堅持 SLAM DUNK 不會再有續作，
身為粉絲的我也早已放棄這個期待。
而且多年來 SLAM DUNK 的周邊商品──玩具、服飾等，
跟其他動漫例如：七龍珠、聖鬥士相比真的是少得可憐，
不過近年真的有稍微多一點的趨勢，
真的讓粉絲們多年來得到一些心靈慰藉。

近年 SLAM DUNK 手遊台服上市，
與早期街機、GAMEBOY、超級任天堂等版本相比，
雖然每一代遊戲都是當時期的經典，
但手遊版在現在手機科技的推波下，
質感、靈活度、操控、畫質、原著還原度，
真的是有製作方滿滿的誠意，
加上幾乎使用原本動畫版裡原版人馬配音員非常值得一玩，
流川：我的球沒有一球是巧合的。
櫻木：我是籃板王櫻木道！
牧：這就是王者的實力。
魚住：打垮他們！
清田：別小看王者海南啦。
阿神：這就是不停練習的成績。
仙道：如果想要擊敗我的話，還要拼命練習才行啊！
長谷川：放心交給我！
宮城：有沒有搞錯啊！
而二〇二一年一月最令粉絲振奮的，
莫過於井上雄彥在自己推特發表，
即將重新創作 SLAM DUNK 動畫電影！

Godzilla

一九五四年第一集第一隻《哥吉拉》（*Godzilla*）問世，
到二〇一六年特攝系列電影版共有二十九集，
之後動畫版兩部加上美國好萊塢～
傳奇影業（Legendary Pictures, Inc.）製作的電影版
至今有四部，
最新作二〇二一年《哥吉拉大戰金剛》（*Godzilla vs. Kong*）。
日本人在周邊產品部分普遍熱愛一九五四年起，
本土電影版形象的授權商品，
跟好萊塢的比起來就是有股濃濃的日本昭和味。
二〇一八年 Godzilla Special Exhibition 在台北松山文創園區開展，
二〇二一年清心福全手搖飲也用日本版哥吉拉，
推出聯名杯、刺繡袋、撲克牌等聯名產品。

橫山光輝三國志

日本漫畫家橫山光輝代表作，
一九七一年開始在潮出版社月刊漫畫連載，
後來發行單行本共六十冊流傳至今，
台灣中文版當年是由東立出版社代理。
動畫版一九九一年開播共四十七集，
遊戲部分也授權了超級任天堂、任天堂 DS、PS 等遊戲主機。
二○一七年有橫山光輝三國志四十五週年紀念企畫展，
會場推出很多橫山光輝三國志授權文具與服飾，
包括非常具有紀念價值的橫須賀外套。

寶可夢

一九九七年東京電視台開播第一集動畫至今，
除了電視版動畫與電影版動畫外，
比較特別的是二〇〇四年～二〇一一年，
每年夏天僅在全日空航空上上映的劇場版，
遊戲授權橫跨——
Game Boy、Game Boy Color、Game Boy Advance、
任天堂 DS、任天堂 3DS、任天堂 Switch 等主機，
金氏世界紀錄還頒給了寶可夢八項記錄，
其中一項為有史以來最成功的 RPG 遊戲！
二〇一六年 Pokémon GO 手遊上市，
帶動全球的跨年齡跨區域的抓寶熱，
二〇一九年好萊塢版的真人電影～
名偵探皮卡丘 POKÉMON Detective Pikachu，
將多數的寶可夢擬真化非常經典！

吞食天地

日本漫畫家本宮宏志代表作品，
一九八三年開始在週刊少年 Jump 上連載。
五六年級生一定忘不了 CAPCOM，
當年推出的街機板吞食天地與赤壁之戰，
任天堂紅白機則有 RPG 的吞食天地與諸葛孔明傳！
之後超級任天堂推出吞食天地‧三國志群雄傳，
與 PC Engine、PS 的版本也都是一時之選。

尋台灣買得到の日本進口泡麵

日清食品

台籍日本人安藤百福（原名吳百福）創辦，
創辦人台籍的身分讓很多台灣長輩吃日清速食麵都感覺很親切，
一九五八年開發出全世界最早的
雞汁拉麵速食麵 (Chicken Ramen)，
一九六八年生產出前一丁系列
字面涵義為快來一份快遞一份的意思，
隔年打入香港市場，
也有很多人將出前一丁視為香港人常說的公仔麵的代表之一。
一九七六年炒麵 U・F・O 與另一款兵衛麵上市，
而經典杯麵在日本大都買到四個尺寸，
包括正常杯、Mini、BIG 及四十周年發售的 KING。
而杯麵上的 LOGO 在日本國內為 CUP NOODLE，
華人地區多半是合味道，
也有跟麵包超人聯名的杯麵！

美國為 CUP O'NOODLES 還登上過時代廣場看板，
其他地區多半使用 CUP NOODLES。
台灣店家或便利商店大都引進日本版 CUP NOODLE 及合味道，
其實口感差別甚大，
各有各的擁護者，
而我最愛的是日本 CUP NOODLE 海鮮杯麵。
木村拓哉、上戶彩、阿諾・史瓦辛格 (Arnold Schwarzenegger)
等都有代言過，
在大阪有安藤百福發明記念館大阪池田，
東京橫濱有合味道紀念館，
有現場體驗 DIY 製作杯麵的樂趣！

東洋水產

由森和一夫（Kazuo Mori）一九五三年成立，
原本是一家專營水產的公司，
一九六一年進入泡麵（即席麵）市場，
泡麵上有一個笑臉的 LOGO 代表 smiles for all ～
為所有人微笑！

在日本便利商店與超市裡，
最常看到的是兩款經典碗麵，
東洋豆皮碗麵（紅色的狐狸）裡面有大塊炸豆皮，
東洋蕎麥豆皮碗麵（綠色的貍貓），
裡面給的是小蝦天婦羅。

其他包括經典方型的東洋炒麵便當，
可以體驗斜對角加熱水瀝乾麵湯汁的樂趣，
其他包括鹽味擔擔麵、豚骨醬油、雞骨醬油、味增等，
還有生麵製法的袋裝 Maruchan 正面也是不錯的選擇！

明星食品

一九五九年開發泡麵產品，
一九六〇年明星調味拉麵上市，
一九六一年第一款紙杯裝明星叉燒麵上市。
一九八一年推出在東京市區及百貨限定販售的推中華飯店系列，
之後發展了中華三味穩住了中華泡麵系列的市場認同。

一九九〇年經典的紅色封面明星豆皮烏龍麵，
及綠色封面明星天婦羅蕎麥麵上市。
一九九五年經典的明星夜店炒麵誕生，
二〇〇四年研發市場少有的麻糬餛飩麵泡麵，
二〇〇六年以後被日清食品收購，正式成為日清食品的一員。

一蘭拉麵

身為一蘭拉麵的忠實粉絲，
泡麵系列我比較偏愛日本出的捲麵五包入裝，
還有台灣出的杯麵系列，
我認為是最接近一蘭現場湯頭的口感，
當然博多細麵也不錯只是不能用泡的，
幾乎完整還原一蘭拉麵現場食用標榜沒有豚腥味的豚骨湯，
永遠只專注一種口味的拉麵品牌！

屯京拉麵

還原粗身麵條的口感，
7-11 有引進兩款杯麵！
日清屯京拉麵東京豚骨湯味速食麵，
日清屯京拉麵魚豚湯味速食麵，
集結諸多日清杯麵的優點，
分量不多湯頭濃郁還附一包油包，
點心吃宵夜時段的好選擇！

一風堂拉麵

來自日本九州福岡拉麵之都～博多，
店鋪最經典的口味為白丸與赤丸，
7-11 引進日清與一風堂聯名的一風堂杯麵，
剛引進時只要在 7-11 購買，
憑杯身或杯蓋的包裝紙到一風堂全台分店用餐，
現場就能有享受白丸元味或赤丸新味買一送一！
週末深夜追劇可以各來一碗日清一風堂豚骨湯味白丸杯麵，
日清一風堂辣豚骨湯味赤丸杯麵！

Acecook 逸品

一九四八原本是大阪市的麵包工廠，
一九五四年開始作製造餅乾，
一九五九年創立泡麵產品，
一九六四年公司正式改為 Acecook Co., Ltd.。
一九八八年發推出了超級杯 1.5MAX 產品，
近期超級杯也跟日本漫畫王者天下 KINGDOM 聯名，
很多漫畫迷為了收藏不開封，
或者開封吃留下上面的封面，
也有與 HELLO KITTY 聯名的杯麵。

Marutai

一九六〇年創立，
包裝會看到九州、宮崎、大分、熊本、鹿兒島、久留米等，
以日本地名為設計的泡麵系列。
而泡麵原料也會以當地的特產為主，
例如佐賀縣有明海產烤海苔，
北海道十勝市的特色奶酪等。

尋台灣買得到の日本辣椒

餃子辣油很香，
唐辛子研究家給的辣粉驚喜！

因為本身愛吃辣，
小時候常常吃一碗肉羹湯麵，
就一定要把辣油加的紅紅油油的，
結果每次吃完嘴唇一定會發熱發麻……
長大後比較不追求辣度，
我反而會因為吃不同東西而加不同的辣椒，
吃水餃或喝酸辣湯或適合加辣的湯類，
我會加 HOUSE 好侍食品餃子辣油，
吃鹹酥雞或者各類炸雞排與燒烤類的肉串，
我會加一味唐辛子或金の稻妻。

一味唐辛子（瞬）

由一匠出品本身為唐辛子研究家，
原名為星野一馬，
在日本有一味唐辛子（匠）一味唐辛子（閃）、
一味唐辛子（頂）一味唐辛子（瞬）等不同系列。
台灣引進這瓶新包裝一味唐辛子（瞬），
是這個品牌二〇二一年的新產品，
以日本和歌山品質優等的山椒，
混合了三種日本在地自產的辣椒，
真的又麻又辣！
特別以二〇二一包裝因為原料有限，
不一定會繼續開發。

HOUSE 好侍食品餃子辣油

這款是我吃水餃或喝酸辣湯很愛的辣油，
仔細看瓶底跟台灣很多台式辣油不同，
是有沉澱的原料在裡面，
用純正芝麻油添加辣油與蒜頭混和製成，
不麻不太辣又有辣椒香的那種感覺。

日興工業株式會社花椒 (金の稲妻)

以中國四川省金陽縣的青花椒作為原料，
感覺吃下去像被雷劈到，
所以又有金色雷神、金色閃電的稱號！

愛　生　活　　　0　6　3

不能去日本也沒關係！：偽出國島內 SHOPPING，
讓你把百樣商品帶回家

國家圖書館出版品預行編目（CIP）資料

不能去日本也沒關係！：偽出國島內 SHOPPING，讓你把百樣商品帶回家
／ 禾白小三撇 著 . -- 初版 . -- 台北市：健行文化出版事業有限公司出版：
九歌出版社有限公司發行 , 2022.03
　　面；　公分 . --（愛生活；63）
ISBN 978-626-95743-0-8（平裝）
1.CST: 商店 2.CST: 購物指南 3.CST: 台灣

498.2　　　　　　　　　　　　　　　　　111001138

作　　　者 —— 禾白小三撇
專題策畫與攝影協力 —— FELICE
責任編輯 —— 曾敏英
發　行　人 —— 蔡澤蘋
出　　　版 —— 健行文化出版事業有限公司
　　　　　　　台北市 105 八德路 3 段 12 巷 57 弄 40 號
　　　　　　　電話 / 02-25776564・傳真 / 02-25789205
　　　　　　　郵政劃撥 / 0112295-1

九歌文學網　www.chiuko.com.tw

印　　　刷 —— 前進彩藝有限公司
法律顧問 —— 龍躍天律師・蕭雄淋律師・董安丹律師
發　　　行 —— 九歌出版社有限公司
　　　　　　　台北市 105 八德路 3 段 12 巷 57 弄 40 號
　　　　　　　電話 / 02-25776564・傳真 / 02-25789205

初　　　版 —— 2022 年 3 月
定　　　價 —— 380 元
書　　　號 —— 0207063
Ｉ Ｓ Ｂ Ｎ —— 978-626-95743-0-8
　　　　　　　9786269574315(PDF)

（缺頁、破損或裝訂錯誤，請寄回本公司更換）
版權所有・翻印必究　　Printed in Taiwan

本書第176頁第189頁圖片翻
攝SLAM DUNK台服正版手遊
第195頁 左邊三張圖片翻攝於
Pokémon GO正版手遊